▌湿地常见植物丛书▐

项目资助：中央级公益性科研院所基本科研业务费专项资金项目（CAFYBB2017ZA007）
中央级公益性科研院所基本科研业务费专项资金项目（CAFYBB2021MB003）

京津冀 湿地常见植物

JINGJINJI SHIDI CHANGJIAN ZHIWU

韦玮　李胜男　等◎编著

中国林业出版社
China Forestry Publishing House

图书在版编目（CIP）数据

京津冀湿地常见植物 / 韦玮等编著. -- 北京：
中国林业出版社, 2021.10
ISBN 978-7-5219-1366-8

Ⅰ.①京… Ⅱ.①韦… Ⅲ.①沼泽化地—植物—华北
地区 Ⅳ.①Q948.522

中国版本图书馆CIP数据核字（2021）第198832号

策划编辑：刘家玲　何游云
责任编辑：何游云

出版　中国林业出版社（100009　北京西城区德内大街刘海胡同 7 号）
　　　　http:// lycb.forestry.gov.cn　电话：（010）83143574
发行　中国林业出版社
印刷　河北京平诚乾印刷有限公司
版次　2021 年 11 月第 1 版
印次　2021 年 11 月第 1 次
开本　787mm×1092mm　1/16
印张　8.5
字数　190 千字
定价　85.00 元

注 书中植物照片均由编著者所拍摄。

《京津冀湿地常见植物》
编委会

主　编：韦　玮　李胜男

编　委：杨洪国　刘　洋　张　義　马牧源

　　　　李肖夏　赵娜娜　郝金虎　刘志伟

前 言

　　湿地作为全球三大生态系统之一，长期以来为人类生产生活提供了大量的资源，常被称为人类文化与文明发展的摇篮。因其具有多种生态功能，孕育着丰富的自然资源，又被人们称为"地球之肾"、物种储存库、生物基因库、气候调节器等。20世纪以来，随着经济的快速发展和人类活动的增加，湿地受到很大程度的影响，从而导致湿地面积减少、生物多样性降低、生态功能退化现象凸显，并越来越引起全世界的广泛关注。

　　京津冀是我国城市分布最密集，综合实力最强的区域之一。受全球气候变化、人类活动频繁、经济快速发展的影响，京津冀地区的湿地面积萎缩、斑块破碎化、土壤盐渍化、水污染严重、生物多样性降低等问题日渐突出。近年来，通过建设湿地自然保护区、湿地保护小区、湿地公园，实施湿地保护与恢复工程，改善局部生态系统，提升生态功能，取得了良好的生态效应。

　　《京津冀湿地常见植物》是中央级公益性科研院所基本科研业务费专项资金项目（项目编号：CAFYBB2017ZA007和CAFYBB2021MB003）的主要成果之一，由中国林

业科学研究院湿地研究所承担完成。经过三年的努力，在完成京津冀地区湿地类型遥感信息提取的基础上，开展了湿地植被野外调查、样品采集、物种及其生境图片拍摄、物种鉴定等工作，对调查数据和研究资料进行了系统整理与分析，编著成书。

　　本书主要整理收录了北京、天津、河北地区的湿地常见植物，共记录49科97属105种，以草本为主，包括部分灌木。每种植物都配有一至数张彩色图片，包括叶、花、果实、生境等，并标注了每个物种的参考资料。本书图文并茂、直观易懂，除了为非植物学专业的科技工作者在野外调查中提供参考外，也可为京津冀地区植被类型汇总提供基础资料，同时，为我国北部平原地区湿地植物知识的传播和普及，以及京津冀地区生态保护和恢复提供参考。书中植物照片均由编著者拍摄。由于编著者水平有限，难免会有遗漏和错误，敬请批评指正！

编著者

2021年5月

C O N T E N T S

目 录

京津冀湿地概况

JINGJINJI SHIDI GAIKUANG

　　京津冀地区介于东经113°27′~119°50′，北纬36°03′~42°40′之间，跨越北京、天津、河北3个省市，土地总面积21.66×10⁴平方千米。地势由西北向东南倾斜，地貌复杂多样，区域内高原、山地、丘陵、盆地、平原等类型齐全，最高海拔2882米。其中，地貌以平原为主，丘陵和台地零星分布，渤海沿岸多滩涂，海河流域以扇状水系的形式铺展。

　　京津冀地区属于典型的温带季风气候，1月平均气温为0~8℃，7月气温最高。多年平均降水量500~800毫米，降水量自东南向西北递减，年内降水差异大。大部分地区7~8月降水量占生长季降水量的45%~70%，且多暴雨，易造成洪涝灾害。春、冬季节干燥多大风，4~5月降水量只占生长季降水量的8%~22%，且春季升温快，降水量远不及蒸发量，因此春季易缺水。

　　京津冀区域内自然湿地及人工湿地资源均很丰富，主要分布在河北的沿海、坝上地区，北京的北部、西部山区及天津。其中，北京历史上湿地资源丰富，类型较多，素有"海淀""温泉""先有莲花池，后有北京城"之说。据调查统计，北京市的湿地约5.87万公顷，占全市总面积的3.6%，其中，天然湿地主要由河流湿地、少量沼泽湿地、淡水泉湿地组成，人工湿地主要由水库、输水渠和池塘以及城市河湖组成。天津位于渤海之滨，地处"九河下梢"，坑塘星罗、洼淀棋布、河流纵横、水库和湖泊遍及，天津湿地面积24.8万公顷，占全市总面积的20.9%。河北湿地总面积94.19万公顷，湿地率为5.02%，其中，天然湿地69.46万公顷，占湿地总面积的73.74%，人工湿地24.73万公顷，占湿地总面积的26.26%。城市的起源与形成、繁荣与发展、文明与进步无不与湿地有着紧密联系。

　　丰富的湿地资源为许多动植物物种的生命循环提供了不可缺少的生存环境，从而湿地被称为生物物种的"天然储存库"和"物种基因库"。京津冀地区复杂多样的

地形、气候、土壤等条件，孕育了丰富的湿地生物多样性。其中，北京地区湿地高等植物共626种（含变种、变型），隶属于116科351属，约占全市植物种类的1/3；湿地及其附近鸟类276种，占北京鸟类的72%，其中，国家一级重点保护鸟类6种、国家二级重点保护鸟类38种。天津湿地有湿地植物400余种，野生动物600余种，其中，国家一、二级重点保护的野生动物有黑鹳、丹顶鹤、白鹤、白头鹤、遗鸥、大鸨、白额雁、灰鹤、白枕鹤、天鹅、鸳鸯等珍贵鸟类。因此，湿地又有"植物资源库""鸟的乐园""动物的天堂""生物超市"等美誉。

然而，随着快速城镇化和社会经济的迅猛发展，湿地生态环境面临较大的威胁。1980—2015年，京津冀地区湿地总面积减少了2695.05平方千米，较1980年末减少了20.08%，尤以水田、滩涂、沼泽减少较多，主要集中在京津冀环渤海地区、西北部坝上地区、中部平原地区，尤其在天津和唐山南部的滨海地区、张家口的西北部坝上及西部地区均出现了湿地大片集中消失的现象，导致动植物生境受到破坏，生物多样性面临威胁。近年来，随着湿地保护政策的推进和落实，湿地保护和恢复工作稳步开展，湿地面积减少、功能退化的趋势得到遏制，但湿地生物多样性保护任务依然艰巨。

京津冀地区是我国重要的政治、经济和文化中心，也是我国北方规模最大、发展最好、现代化程度最高的人口和产业密集区。近年来，京津冀地区在经济快速发展的同时，承受着生态环境恶化所带来的更多压力，因此，生态环境保护是推动京津冀协同发展的重要基础和重点任务。在新时期城市化发展中，要让"像保护眼睛一样保护生态环境"成为全国人民的共识，进一步提高民众的生态保护意识，呵护生态环境，保护生物多样性，为建设人与自然和谐的美丽家园贡献自己的力量。

京津冀湿地常见植物介绍

JINGJINJI SHIDI CHANGJIAN ZHIWU JIESHAO

1 白花丹科
Plumbaginaceae

1. 二色补血草 | *Limonium bicolor*
补血草属

多年生草本。高20～50厘米，全株（除萼外）光滑无毛。叶基生。花序圆锥状，花序轴单生；不育枝少（花序受伤害时则下部可生多数不育枝）；萼筒漏斗状，棱上有毛，萼檐初时淡紫红色或粉红色，后变白；花瓣匙形至椭圆形；雄蕊着生于花瓣基部。蒴果5棱，包于萼内。主要生于平原地区，也见于山坡下部、丘陵和海滨，喜生于含盐的钙质土上或沙地，为盐碱地拓荒植物。全草可药用。　1987《中国植物志》第60（1）卷31页。

2 百合科
Liliaceae

2. 长梗韭 | *Allium neriniflorum*
葱属

多年生草本。植株无葱蒜气味。鳞茎单生，卵球状至近球状；鳞茎外皮灰黑色，膜质。叶圆柱状或近半圆柱状，中空，具纵棱。花葶圆柱状；总苞单侧开裂，宿存；伞形花序疏散；花红色至紫红色；子房圆锥状球形，每室6（~8）胚珠，柱头三裂。生于海拔2000米以下的山坡、湿地、草地或海边沙地。 1980《中国植物志》第14卷271页。

3. 三花洼瓣花 | *Lloydia triflora*
顶冰花属

　　多年生草本。鳞茎球形，直径约6毫米；鳞茎皮黄褐色，膜质，上端不延伸，在鳞茎皮内基部有几个很小的小鳞茎。基生叶1，条形；茎生叶1~3（~4）。花2~4，排成二歧的伞房花序；小苞片狭条形；花被片条状倒披针形，白色；雄蕊长为花被片的一半，花药矩圆形；子房倒卵形，花柱与子房近等长，柱头头状。果实三棱状倒卵形，长为宿存花被的1/3。生于海拔较低的山坡、灌丛下或河沼边。　1980《中国植物志》第14卷77页。

4. 玉竹 | *Polygonatum odoratum*
黄精属

　　多年生草本。根状茎圆柱形。茎高20～50厘米，具7～12叶。叶互生，椭圆形至卵状矩圆形，先端尖，下面带灰白色。花序具1～4花（在栽培情况下，可多至8朵）；总花梗（单花时为花梗）长1～1.5厘米，无苞片或有条状披针形苞片；花被黄绿色至白色，花被筒较直；花丝丝状，近平滑至具乳头状凸起，花药长约4毫米；子房长3～4毫米，花柱长10～14毫米。浆果蓝黑色。种子7～9。生于海拔500～3000米的林下或山野阴坡。根状茎药用，系中药"玉竹"。　　1978《中国植物志》第15卷61页。

5. 东北玉簪 | *Hosta ensata*
玉簪属

　　多年生草本。根状茎粗约1厘米，有长的走茎。叶矩圆状披针形、狭椭圆形至卵状椭圆形。花莛高33～55厘米，具几朵至二十几朵花；苞片近宽披针形，膜质；花单生，盛开时从花被管向上逐渐扩大，紫色；雄蕊稍伸出花被之外，完全离生。生于海拔300～800米的林缘、灌丛、阴湿山地。全草可药用，治疗上火、烫伤、疼痛、呕血等。　　1980《中国植物志》第14卷50页。

3 报春花科
Primulaceae

6. 点地梅 | *Androsace umbellata*
点地梅属

　　一年生或二年生草本。主根不明显，具多数须根。叶全部基生，叶片近圆形或卵圆形，先端钝圆；叶柄长1~4厘米，被开展的柔毛。花莛通常数枚自叶丛中抽出，被白色短柔毛；伞形花序；苞片卵形至披针形；花梗纤细；花萼杯状，呈星状展开；花冠白色，短于花萼，喉部黄色，裂片倒卵状长圆形。蒴果近球形；果皮白色，近膜质。生于林缘、草地和疏林下。民间用全草治扁桃腺炎、咽喉炎、口腔炎和跌打损伤。　1989《中国植物志》第59（1）卷157页。

7. 狭叶珍珠菜 | *Lysimachia pentapetala*
珍珠菜属

　　一年生草本。全体无毛。茎直立，高30～60厘米，圆柱形，多分枝，密被褐色无柄腺体。叶互生，狭披针形至线形，先端锐尖，基部楔形。总状花序顶生；花冠白色；雄蕊比花冠短，花药卵圆形，花粉粒具3孔沟，表面具网状纹饰；子房无毛，花柱长约2毫米。蒴果球形，直径2～3毫米。生于山坡荒地、路旁、田边和疏林下。
1989《中国植物志》第59（1）卷107页。

4 车前科
Plantaginaceae

8. 车前 | *Plantago asiatica*
| 车前属

　　二年生或多年生草本。须根多数；根茎短，稍粗。叶基生呈莲座状，平卧、斜展或直立；叶片薄纸质或纸质，宽卵形至宽椭圆形。花序3～10，直立或弓曲上升；花序梗有纵条纹，疏生白色短柔毛；穗状花序细圆柱状；苞片狭卵状三角形或三角状披针形；花冠白色，无毛，冠筒与萼片约等长；雄蕊着生于冠筒内面近基部，与花柱明显外伸，花药卵状椭圆形；胚珠7～15（～18）。蒴果纺锤状卵形、卵球形或圆锥状卵形。生于草地、沟边、河岸湿地、田边、路旁或村边空旷处。　2002《中国植物志》第70卷325页。

5 唇形科
Lamiaceae

9. 薄荷 | *Mentha canadensis*
薄荷属

多年生草本。茎直立，高30～60厘米。叶片长圆状披针形、披针形、椭圆形或卵状披针形。轮伞花序腋生，轮廓球形；花梗纤细；花萼管状钟形；花冠淡紫色；雄蕊4，前对较长；花柱略超出雄蕊；花盘平顶。小坚果卵珠形，黄褐色，具小腺窝。生于水旁潮湿地，海拔可高达3500米。　1977《中国植物志》第66卷262页。

10. 活血丹 | *Glechoma longituba*
活血丹属

　　多年生草本。具匍匐茎，上升，逐节生根。茎四棱形，基部通常呈淡紫红色，几无毛，幼嫩部分被疏长柔毛。叶草质，叶片心形或近肾形；叶脉不明显。轮伞花序通常2花，稀具4～6花；花萼管状，外面被长柔毛；花冠淡蓝色、蓝色至紫色，冠筒直立，上部渐膨大成钟形，有长筒与短筒两型，短筒者通常藏于花萼内；上唇直立，二裂，裂片近肾形，下唇伸长，斜展，三裂，中裂片最大，肾形；雄蕊4，内藏，无毛，后对着生于上唇下，较长，前对着生于两侧裂片下方花冠筒中部，较短，花药2室，略岔开；子房四裂，无毛，花柱细长，无毛，略伸出，先端近相等二裂。成熟小坚果深褐色，长圆状卵形。生于海拔50～2000米的林缘、疏林下、草地中、溪边等阴湿处。　1977《中国植物志》第65（2）卷316页。

11. 六座大山荆芥 | *Nepeta × faassenii* 'Six Hills Giant'
荆芥属

多年生宿根草本。株高1米，茎直立四棱形，上部多分枝。叶对生；基部叶有柄或近无柄，线形至线状披针形，全缘，两面均被柔毛。总状轮伞花序，多轮密集成穗状；花小，淡紫色至深蓝紫色；花冠二唇形；雄蕊4。小坚果卵形或椭圆形。对土壤要求不严，一般土壤都能生长。具有镇痰、祛风、凉血之功效。2015《北京乡土植物》。

12. 香青兰 ｜ *Dracocephalum moldavica*
青兰属

　　一年生草本。直根圆柱形。茎数个，直立或渐升。基生叶卵圆状三角形。轮伞花序生于茎或分枝上部5～12节处；花萼长8～10毫米，被金黄色腺点及短毛，下部较密，脉常带紫色；花冠淡蓝紫色，冠檐二唇形；雄蕊微伸出，花丝无毛。小坚果，长圆形，顶平截，光滑。生于海拔220～1600米（在青海可至2700米）的干燥山地、山谷、河滩多石处。　1977《中国植物志》第65（2）卷361页。

13. 荔枝草 | *Salvia plebeia*
鼠尾草属

一年生或二年生草本。主根肥厚，向下直伸，有多数须根。茎直立，粗壮，多分枝，被向下的灰白色疏柔毛。叶椭圆状卵圆形或椭圆状披针形。轮伞花序6花，多数；花萼钟形，外面被疏柔毛；花冠淡红色、淡紫色、紫色、蓝紫色至蓝色，稀白色，冠筒外面无毛，内面中部有毛环，冠檐二唇形；能育雄蕊2，着生于下唇基部，略伸出花冠外；花柱和花冠等长。小坚果倒卵圆形。生于山坡、路旁、沟边、田野潮湿的土壤上，海拔可至2800米。　1977《中国植物志》第66卷168页。

14. 水棘针 ｜ *Amethystea caerulea*
水棘针属

一年生草本。高0.3～1米，呈金字塔形分枝，基部有时木质化。茎四棱形，紫色、灰紫黑色或紫绿色，被疏柔毛或微柔毛。叶片纸质或近膜质，三角形或近卵形。花萼钟形，果时花萼增大；花冠蓝色或紫蓝色，冠筒内藏或略长于花萼，外面无毛；雄蕊4，前对能育，着生于下唇基部；花柱细弱，略超出雄蕊；花盘环状，具相等浅裂片。小坚果倒卵状三棱形，背面具网状皱纹。生于海拔200～3400米的田边旷野、河岸沙地、开阔路边及溪旁。 1977《中国植物志》第65（2）卷93页。

15. 夏至草 | *Lagopsis supina*
夏至草属

多年生草本。茎高15～35厘米，四棱形，具沟槽，带紫红色，密被微柔毛，常在基部分枝。叶轮廓为圆形。轮伞花序疏花；花萼管状钟形；花冠白色，稀粉红色，稍伸出于萼筒，冠筒长约5毫米，冠檐二唇形；雄蕊4，着生于冠筒中部稍下；花柱先端二浅裂；花盘平顶。小坚果长卵形，有鳞秕。生于路旁、旷地上，海拔可至2600米以上。全草可药用。　1977《中国植物志》第65（2）卷256页。

6 大戟科
Euphorbiaceae

16. 地锦草 │ *Euphorbia humifusa*
大戟属

　　一年生草本。根纤细，常不分枝。茎匍匐，自基部以上多分枝，偶尔先端斜向上伸展，基部常红色或淡红色，被柔毛或疏柔毛。叶对生，矩圆形或椭圆形，叶面绿色，叶背淡绿色，有时淡红色，两面被疏柔毛；叶柄极短。花序单生于叶腋；总苞陀螺状，裂片三角形；雄花数朵，近与总苞边缘等长；雌花1，子房柄伸出至总苞边缘，子房三棱状卵形，光滑无毛，花柱3，分离，柱头二裂。蒴果三棱状卵球形。种子三棱状卵球形，灰色，每个棱面无横沟，无种阜。生于原野荒地、路旁、田间、沙丘、海滩、山坡等地。全草入药，有清热解毒、利尿、通乳、止血及杀虫作用。1997《中国植物志》第44（3）卷49页。

17. 地构叶 | *Speranskia tuberculata*
地构叶属

多年生草本。茎直立。叶纸质，披针形或卵状披针形；托叶卵状披针形。总状花序长6～15厘米，上部有20～30雄花，下部有6～10雌花，位于花序中部的雌花的两侧有时具1～2雄花；苞片卵状披针形或卵形；2～4雄花生于苞腋，雄蕊8～12（～15），花丝被毛；1～2雌花生于苞腋。蒴果扁球形，被柔毛和具瘤状凸起。种子卵形。生于海拔800～1900米的山坡草丛或灌丛中。   1996《中国植物志》第44（2）卷8页。

7 豆科
Fabaceae

18. 野大豆 | *Glycine soja*
大豆属

一年生缠绕草本。茎、小枝纤细，全体疏被褐色长硬毛。叶具3小叶；托叶卵状披针形，急尖，被黄色柔毛；顶生小叶卵圆形或卵状披针形，先端锐尖至钝圆，基部近圆形，全缘，两面均被绢状的糙伏毛，侧生小叶斜卵状披针形。总状花序通常短；花小；花梗密生黄色长硬毛；苞片披针形；花萼钟状，密生长毛，裂片5，三角状披针形，先端锐尖；花冠淡红紫色或白色，旗瓣近圆形，先端微凹，基部具短瓣柄，翼瓣斜倒卵形，有明显的耳，龙骨瓣比旗瓣及翼瓣短小，密被长毛；花柱短而向一侧弯曲。荚果长圆形，稍弯，两侧稍扁，密被长硬毛。生于海拔150~2650米潮湿的田边、园边、沟旁、河岸、湖边、沼泽、草甸、沿海和岛屿向阳的矮灌木丛或芦苇丛中，稀见于沿河岸疏林下。　1995《中国植物志》第41卷236页。

19. 杭子梢 | *Campylotropis macrocarpa*
杭子梢属

　　灌木。高1～2（～3）米。小枝贴生或近贴生短或长柔毛，嫩枝毛密，少有具绒毛，老枝无毛。羽状复叶具3小叶；托叶狭三角形、披针形或披针状钻形。总状花序单一（稀二）腋生并顶生；花序轴密生开展的短柔毛或微柔毛；总花梗常斜生或贴生短柔毛，稀具绒毛；花萼钟形；花冠紫红色或近粉红色。荚果长圆形、近长圆形或椭圆形。生于山坡、灌丛、林缘、山谷沟边及林中，海拔150～1900米，稀达2000米以上。　1995《中国植物志》第41卷113页。

20. 胡枝子 | *Lespedeza bicolor*
胡枝子属

直立灌木。高1~3米，多分枝。芽卵形，具数枚黄褐色鳞片。羽状复叶具3小叶；托叶2，线状披针形；小叶质薄，卵形、倒卵形或卵状长圆形。总状花序腋生；花梗短，密被毛；花萼长约5毫米，五浅裂，裂片通常短于萼筒；花冠红紫色，极稀白色（*Lespedeza bicolor* var. *alba*）；子房被毛。荚果斜倒卵形，稍扁，表面具网纹，密被短柔毛。生于海拔150~1000米的山坡、林缘、路旁、灌丛及杂木林间。　1995《中国植物志》第41卷143页。

21. 紫苜蓿 | *Medicago sativa*
苜蓿属

多年生草本。高30~100厘米。根粗壮，深入土层，根茎发达。茎直立、丛生以至平卧。羽状三出复叶。花序总状或头状；萼钟形，萼齿线状锥形，比萼筒长，被贴伏柔毛；花冠各色，淡黄色、深蓝色至暗紫色；花瓣均具长瓣柄；子房线形，具柔毛。荚果螺旋状紧卷2~4（~6）圈，中央无孔或近无孔。种子10~20，卵形，平滑，黄色或棕色。生于田边、路旁、旷野、草原、河岸及沟谷等地。 1998《中国植物志》第42（2）卷323页。

22. 紫穗槐 | *Amorpha fruticosa*
紫穗槐属

　　落叶灌木。丛生，高1~4米。小枝灰褐色，被疏毛，嫩枝密被短柔毛。叶互生，奇数羽状复叶。穗状花序常1个至数个顶生和枝端腋生；花有短梗；旗瓣心形，紫色，无翼瓣和龙骨瓣；雄蕊10，包于旗瓣之中，伸出花冠外。荚果下垂，表面有凸起的疣状腺点。耐瘠，耐水湿和轻度盐碱土，又能固氮。紫穗槐系多年生优良绿肥、蜜源植物；叶量大且营养丰富，含大量粗蛋白、维生素等，是营养丰富的饲料植物。　1995《中国植物志》第41卷346页。

8 椴树科
Tiliaceae

23. 扁担杆 | *Grewia biloba*
扁担杆属

　　灌木或小乔木。多分枝，嫩枝被粗毛。叶薄革质，椭圆形或倒卵状椭圆形。聚伞花序腋生，多花；花瓣长1～1.5毫米；雌雄蕊柄长0.5毫米，有毛；雄蕊长2毫米；子房有毛，花柱与萼片平齐，柱头扩大，盘状，有浅裂。核果红色。生于沟渠边、灌丛中、路边、路边草甸、密林中、平原、丘陵、山顶、山谷、山脚、山坡、山坡沟边、山坡杂木林中、疏林中，水边生长海拔为300～2500米。　1989《中国植物志》第49（1）卷94页。

9 禾本科
Gramineae

24. 无芒稗 | *Echinochloa crusgalli* var. *mitis*
稗属

　　一年生草本。秆高50～120厘米，直立，粗壮。叶片长20～30厘米，宽6～12毫米。圆锥花序直立；分枝斜上举而开展，常再分枝；小穗卵状椭圆形，无芒或具极短芒，芒长常不超过0.5毫米；脉上被疣基硬毛。多生于水边或路边草地上。　1990《中国植物志》第10（1）卷255页。

25. 棒头草 | *Polypogon fugax*
棒头草属

　　一年生草本。秆丛生。叶片扁平，微粗糙或下面光滑；叶舌膜质。圆锥花序穗状，长圆形或卵形，较疏松；小穗长约2.5毫米（包括基盘），灰绿色或部分带紫色；颖长圆形，疏被短纤毛；外稃光滑；雄蕊3，花药长0.7毫米。颖果椭圆形，一面扁平。生于海拔100～3600米的山坡、田边、潮湿处。　1987《中国植物志》第9（3）卷252页。

26. 牛筋草 | *Eleusine indica*
穆属

　　一年生草本。根系极发达。秆丛生。叶鞘两侧压扁而具脊，松弛，无毛或疏生疣毛；叶片平展，线形。2～7穗状花序指状着生于秆顶，很少单生；颖披针形，具脊。囊果卵形，具明显的波状皱纹。多生于荒芜之地及道路旁。　1990《中国植物志》第10（1）卷64页。

27. 臭草 | *Melica scabrosa*
臭草属

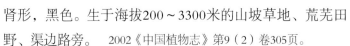

多年生草本。有强烈气味。须根细弱。秆丛生。叶片质较薄，扁平，干时常卷折。圆锥花序狭窄；分枝直立或斜向上升；小穗柄短，纤细，小穗淡绿色或乳白色；雄蕊3，花药长约1.3毫米。颖果褐色，纺锤形，有光泽。种子肾形，黑色。生于海拔200～3300米的山坡草地、荒芜田野、渠边路旁。 2002《中国植物志》第9（2）卷305页。

28. 大油芒 | *Spodiopogon sibiricus*
大油芒属

多年生草本。秆直立，通常单一。叶鞘大多长于其节间；叶舌干膜质，截平；叶片线状披针形。圆锥花序长10～20厘米，主轴无毛，腋间生柔毛；分枝近轮生；总状花序长1～2厘米；雄蕊3，花药长约2.5毫米；柱头棕褐色。颖果长圆状披针形，棕栗色。通常生于山坡、路旁林荫之下。　1997《中国植物志》第10（2）卷58页。

29. 虎尾草 | *Chloris virgata*
虎尾草属

一年生草本。秆直立或基部膝曲。叶片线形，两面无毛或边缘及上面粗糙。穗状花序5～10余个，成熟时常带紫色；小穗无柄；颖膜质；第一小花两性，呈倒卵状披针形；第二小花不孕，长楔形，仅存外稃。颖果纺锤形，淡黄色，光滑无毛而半透明。多生于路旁荒野、河岸沙地、土墙及房顶上。　1990《中国植物志》第10（1）卷78页。

30. 求米草 | *Oplismenus undulatifolius*
求米草属

多年生草本。秆纤细，基部平卧地面，节处生根。叶鞘短于或上部者长于节间，密被疣基毛；叶舌膜质，短小；叶片扁平，披针形至卵状披针形。圆锥花序长2～10厘米，主轴密被疣基长刺毛；小穗卵圆形，被硬刺毛；颖草质；雄蕊3；花柱基分离。生于疏林下阴湿处。 1990《中国植物志》第10（1）卷242页。

10 黑三棱科
Sparganiaceae

31. 黑三棱 | *Sparganium stoloniferum*
黑三棱属

　　多年生水生或沼生草本。块茎膨大，比茎粗2~3倍，或更粗。根状茎粗壮。茎直立，粗壮，挺水。叶片具中脉，上部扁平，下部背面呈龙骨状凸起，或呈三菱形。圆锥花序开展，具3~7个侧枝，每个侧枝上着生7~11个雄性头状花序和1~2个雌性头状花序，主轴顶端通常具3~5个雄性头状花序，或更多，无雌性头状花序；花期雄性头状花序呈球形，雄花花被片匙形，膜质，雌花花被着生于子房基部，宿存，柱头分叉或否，向上渐尖，花柱长约1.5毫米，子房无柄。果实倒圆锥形，上部通常膨大呈冠状，具棱，褐色。生于海拔1500米以下的湖泊、河沟、沼泽、水塘边浅水处，在我国高海拔地区仅见于西藏海拔3600米的高山水域中。　1992《中国植物志》第8卷25页。

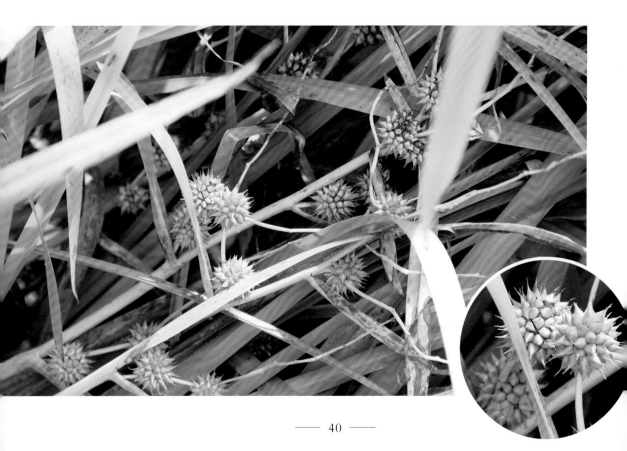

11 葫芦科
Cucurbitaceae

32. 假贝母 | *Bolbostemma paniculatum*
假贝母属

攀缘性蔓生草本。鳞茎肥厚，肉质，乳白色。茎草质，攀缘状。枝具棱沟。叶片卵状近圆形；卷须丝状，单一或二歧。雌雄异株，雌、雄花序均为疏散的圆锥状，极稀花单生；花黄绿色；花萼与花冠相似，裂片卵状披针形；雄蕊5，离生；子房近球形。果实圆柱状。种子卵状菱形，暗褐色，表面有雕纹状凸起，边缘有不规则的齿。生于阴山坡。有清热解毒、散结消肿的功效，用于治疗淋巴结结核、骨结核、乳腺炎、疮疡肿毒等症。　1986《中国植物志》第73（1）卷93页。

12 虎耳草科
Saxifragaceae

33. 太平花 | *Philadelphus pekinensis*
山梅花属

　　灌木。高1~2米，分枝较多。二年生小枝无毛。叶卵形或阔椭圆形；花枝上叶较小，椭圆形或卵状披针形。总状花序有5~7（~9）花；花序轴长3~5厘米，黄绿色，无毛；花萼黄绿色；花冠盘状；花瓣白色，倒卵形；雄蕊25~28；花盘和花柱无毛。蒴果近球形或倒圆锥形。种子长3~4毫米，具短尾。生于海拔1500米以下山坡、林地、沟谷或溪边向阳处。　　1995《中国植物志》第35（1）卷144页。

34. 东陵绣球 | *Hydrangea bretschneideri*
绣球属

灌木。高1～3米，有时高达5米。当年生小枝栗红色至栗褐色或淡褐色。叶薄纸质或纸质，卵形至长卵形、倒长卵形或长椭圆形。不育花萼片4，广椭圆形、卵形、倒卵形或近圆形，近等大；孕性花萼筒杯状；花瓣白色，卵状披针形或长圆形；雄蕊10，不等长；花柱3。蒴果卵球形。种子淡褐色，狭椭圆形或长圆形。生于拔1200～2800米的山谷溪边、山坡密林或疏林中。　1995《中国植物志》第35（1）卷231页。

13 槐叶苹科
Salviniaceae

35. 槐叶苹 | *Salvinia natans*
槐叶苹属

　　小型漂浮植物。茎细长而横走，被褐色节状毛。三叶轮生，上面二叶漂浮水面，形如槐叶，长圆形或椭圆形，顶端钝圆，基部圆形或稍呈心形，全缘；叶柄长1毫米或近无柄；叶脉斜出，在主脉两侧有小脉15～20对，每条小脉上面有5～8束白色刚毛；叶草质，上面深绿色，下面密被棕色绒毛；下面一叶悬垂水中，细裂成线状，被细毛，形如须根，起着根的作用。4～8孢子果簇生于沉水叶的基部，表面疏生成束的短毛，小孢子果表面淡黄色，大孢子果表面淡棕色。生于水田、沟塘和静水溪河内。全草入药，煎服，治虚劳发热、湿疹，外敷治疗丹毒、疗疮和烫伤。　2000《中国植物志》第6（2）卷341页。

14 夹竹桃科
Apocynaceae

36. 罗布麻 | *Apocynum venetum*
罗布麻属

　　直立半灌木。具乳汁。枝条对生或互生，圆筒形，紫红色或淡红色。叶对生。圆锥状聚伞花序一至多歧；花萼五深裂，裂片披针形或卵圆状披针形；花冠圆筒状钟形，紫红色或粉红色；雄蕊着生在花冠筒基部，与副花冠裂片互生；雌蕊长2～2.5毫米，花柱短，上部膨大，下部缩小，柱头基部盘状；花盘环状，肉质。种子多数，卵圆状长圆形，黄褐色。生于河岸、山沟、山坡的沙质地。　1977《中国植物志》第63卷157页。

37. 萝藦 | *Metaplexis japonica*
萝藦属

多年生草质藤本。具乳汁。茎圆柱状。叶膜质，卵状心形。总状式聚伞花序腋生或腋外生；小苞片膜质；花蕾圆锥状，顶端尖；花萼裂片披针形；花冠白色，有淡紫红色斑纹；副花冠环状，着生于合蕊冠上；雄蕊连生成圆锥状，并包围雌蕊在其中，花药顶端具白色膜片；花粉块卵圆形，下垂；子房无毛。种子扁平，卵圆形。生于林边荒地、山脚、河边、路旁灌木丛中。 1977《中国植物志》第63卷403页。

15 桔梗科
Campanulaceae

38. 紫斑风铃草 | *Campanula punctata*
风铃草属

　　多年生草本。全体被刚毛。具细长而横走的根状茎。茎直立，粗壮。基生叶具长柄，叶片心状卵形。花顶生于主茎及分枝顶端，下垂；花萼裂片长三角形，裂片间有一个卵形至卵状披针形而反折的附属物，它的边缘有芒状长刺毛；花冠白色，带紫斑，筒状钟形。蒴果半球状倒锥形。种子灰褐色，矩圆状，稍扁。生于山地林中、灌丛及草地中，在我国南方可分布至海拔2300米处。　　1983《中国植物志》第73（2）卷80页。

16 金鱼藻科
Ceratophyllaceae

39. 金鱼藻 | *Ceratophyllum demersum*
金鱼藻属

多年生沉水草本。茎长40～150厘米，平滑，具分枝。4～12叶轮生，裂片丝状或丝状条形，长1.5～2厘米，宽0.1～0.5毫米，先端带白色软骨质，边缘仅一侧有数细齿。花直径约2毫米；苞片9～12，条形，浅绿色，透明，先端有3齿及带紫色毛；雄蕊10～16，微密集；子房卵形，花柱钻状。坚果宽椭圆形，黑色，平滑，边缘无翅，有3刺，顶生刺（宿存花柱）长8～10毫米，先端具钩，基部2刺向下斜伸，先端渐细成刺状。全世界分布，生于池塘、河沟。
1979《中国植物志》第27卷16页。

17 堇菜科
Violaceae

40. 斑叶堇菜 | *Viola variegata*
堇菜属

多年生草本。无地上茎，高3～12厘米。根状茎通常较短而细。叶均基生，呈莲座状，叶片圆形或圆卵形；托叶淡绿色或苍白色，近膜质。花梗长短不等，超出于叶或较叶稍短；萼片通常带紫色，长圆状披针形或卵状披针形；花瓣倒卵形；花柱棍棒状。蒴果椭圆形；幼果球形，通常被短粗毛。种子淡褐色，小型。生于山坡草地、林下、灌丛中或阴处岩石缝隙中。　1991《中国植物志》第51卷45页。

41. 长萼堇菜 | *Viola inconspicua*
堇菜属

多年生草本。叶基生,莲座状,三角形、三角状卵形或戟形,基部宽心形,弯缺呈宽半圆形,具圆齿;叶柄具窄翅。花淡紫色,有暗紫色条纹;萼片卵状披针形或披针形,基部附属物长;花瓣长圆状倒卵形,下瓣距管状,直伸。蒴果长圆形。生于林缘、山坡草地、田边及溪旁等处。全草入药。　1991《中国植物志》第51卷52页。

42. 裂叶堇菜 | *Viola dissecta*
堇菜属

多年生草本。无地上茎。植株高度变化大，花期高3～17厘米，果期高4～34厘米。根状茎垂直，缩短。基生叶叶片轮廓呈圆形、肾形或宽卵形，通常三裂，稀五全裂，两侧裂片具短柄，常二深裂，中裂片三深裂，裂片线形、长圆形或狭卵状披针形，宽0.2～3厘米，边缘全缘或疏生不整齐缺刻状钝齿，抑或近羽状浅裂，最终裂片全缘，通常有细缘毛，幼叶两面被白色短柔毛，后变无毛或仅上面疏生短柔毛，下面叶脉明显隆起并被短柔毛或无毛；叶柄长度、毛被物等常因植株个体不同变化较大。花较大，淡紫色至紫堇色；萼片卵形，长圆状卵形或披针形。蒴果长圆形或椭圆形，先端尖；果皮坚、硬，无毛。生于山坡草地、杂木林缘、灌丛下及田边、路旁等地。

1991《中国植物志》第51卷80页。

43. 芙蓉葵 | *Hibiscus moscheutos*
木槿属

　　多年生直立草本。茎被星状短柔毛或近于无毛。叶卵形至卵状披针形；叶柄长4～10厘米，被短柔毛；托叶丝状，早落。花单生于枝端叶腋间；花大，白色、淡红色和红色等，内面基部深红色；花瓣倒卵形；雄蕊柱长约4厘米；花柱5，子房无毛。蒴果圆锥状卵形。种子近圆肾形，端尖。喜阳，耐水湿，在水边的肥沃沙质壤土中生长繁茂。　　1984《中国植物志》第49（2）卷81页。

44. 苘麻 | *Abutilon theophrasti*
苘麻属

一年生亚灌木状草本。茎枝被柔毛。叶互生，圆心形，先端长渐尖，基部心形，边缘具细圆锯齿，两面均密被星状柔毛；叶柄长3～12厘米，被星状细胞柔毛；托叶早落。花单生于叶腋；花萼杯状，密被短绒毛，裂片5，卵形；花黄色；花瓣倒卵形；雄蕊柱平滑无毛。蒴果半球形，被粗毛，顶端具2长芒。种子肾形，褐色，被星状柔毛。常见于路旁、荒地和田野间。　1984《中国植物志》第49（2）卷36页。

19 景天科
Crassulaceae

45. 费菜 | *Phedimus aizoon*
费菜属

　　多年生草本。根状茎短。叶互生，窄披针形、椭圆状披针形或卵状披针形。聚伞花序多花，水平分枝，平展；萼片5，线形，肉质，不等长；花瓣5，黄色，长圆形或椭圆状披针形；雄蕊10，较花瓣短；鳞片5，近正方形；心皮5，卵状长圆形，基部合生，腹面凸出，花柱长钻形。蓇葖果芒状排列。种子椭圆形。生于海拔1350米左右山坡阴地。根或全草药用，有止血散瘀、安神镇痛之效。　1984《中国植物志》第34（1）卷128页。

46. 晚红瓦松 | *Orostachys japonica*
瓦松属

　　多年生草本。莲座叶狭匙形，肉质。花茎高17～25厘米，下部生叶。叶线形至线状披针形。总状花序；花密生，有梗；萼片5，卵形；花瓣5，白色，披针形；雄蕊10，较花瓣短；鳞片5，小，近四方形；心皮5，直立，披针形。种子长1毫米，褐色。生于低山石上或溪沟旁。　　1984《中国植物志》第34（1）卷42页。

20 菊科
Compositae

47. 咸虾花 | *Vernonia patula*
斑鸠菊属

　　一年生粗壮草本。根垂直，具多数纤维状根。茎直立。中部叶具柄，卵形、卵状椭圆形，稀近圆形。头状花序通常2～3个生于枝顶端，或排列成分枝宽圆锥状或伞房状；总苞扁球状；花淡红紫色；花冠管状。瘦果近圆柱状；冠毛白色。常见于荒坡旷野、田边、路旁。全草药用，可发表散寒、清热止泻，治急性肠胃炎、风热感冒、头痛、疟疾等症。　1985《中国植物志》第74卷41页。

48. 苍耳 | *Xanthium strumarium*
苍耳属

一年生草本。根纺锤状，分枝或不分枝。茎直立不分枝或少有分枝。叶三角状卵形或心形。雄性的头状花序球形；总苞片长圆状披针形；花托柱状；花冠钟形；雌性的头状花序椭圆形；喙坚硬，锥形，上端略呈镰刀状。瘦果2，倒卵形。常生于平原、丘陵、低山、荒野路边、田边。苍耳的总苞具钩状的硬刺，常贴附于家畜和人体上，故易于散布，为一种常见的田间杂草；种子可榨油。 1979《中国植物志》第75卷325页。

49. 翅果菊 | *Lactuca indica*
翅果菊属

　　一年生或二年生草本。根垂直直伸，生多数须根。茎直立，单生。全部茎叶线形，基部楔形渐狭，两面无毛；无柄。头状花序果期卵球形，多数沿茎枝顶端排成圆锥花序或总状圆锥花序；舌状小花25，黄色。瘦果椭圆形，黑色，压扁，边缘有宽翅，每面有1条细纵脉纹；冠毛2层，白色。生于海拔1800米以下的山坡、灌丛中、田间、路旁草丛中，分布面积相当广泛。全草可药用。　1997《中国植物志》第80（1）卷229页。

50. 箆苞风毛菊 | *Saussurea pectinata*
风毛菊属

多年生草本。根状茎斜升。茎直立，有棱。基生叶花期枯萎，下部和中部茎叶有柄；叶片全形为卵形、卵状披针形或椭圆形。头状花序数个在茎枝顶端排成伞房花序；总苞钟状，总苞片5层；小花紫色。瘦果圆柱状；冠毛2层，污白色，外层短，内层长。生于海拔350～1900米的山坡林下、林缘、路旁、草原、沟谷。 1999《中国植物志》第78（2）卷159页。

51. 婆婆针 | *Bidens bipinnata*
鬼针草属

　　一年生草本。茎直立。叶对生，具柄。头状花序；总苞杯形；外层苞片5～7，草质，条形；内层苞片膜质，椭圆形，花后伸长为狭披针形；托片狭披针形；舌状花通常1～3，不育，舌片黄色，椭圆形或倒卵状披针形；盘花筒状，黄色。瘦果条形，略扁，具瘤状凸起及小刚毛。生于路边荒地、山坡及田间。全草入药，有清热解毒、散瘀活血功效。　1979《中国植物志》第75卷380页。

52. 艾 | *Artemisia argyi*
蒿属

　　多年生草本或略成半灌木状。植株有浓烈香气。主根明显。茎单生或少数。茎、枝均被灰色蛛丝状柔毛。叶厚纸质；基生叶具长柄，花期萎谢。头状花序椭圆形；总苞片3～4层，覆瓦状排列；花序托小；雌花6～10；花冠狭管状，紫色；花柱细长，伸出花冠外甚长；两性花8～12。瘦果长卵形或长圆形。生于低海拔至中海拔地区的荒地、路旁、河边及山坡等地，也见于森林草原及草原地区，局部地区为植物群落的优势种。　1991《中国植物志》第76（2）卷87页。

53. 刺儿菜 | *Cirsium arvense* var. *integrifolium*
蓟属

　　多年生草本。茎直立。基生叶和中部茎叶椭圆形、长椭圆形或椭圆状倒披针形；全部茎叶两面同色，绿色或下面色淡，两面无毛。头状花序单生茎端，或植株含少数或多数头状花序在茎枝顶端排成伞房花序；总苞卵形、长卵形或卵圆形；小花紫红色或白色；雌花花冠长2.4厘米；两性花花冠长1.8厘米。瘦果淡黄色，椭圆形或偏斜椭圆形，压扁；冠毛污白色。适应性很强，任何气候条件下均能生长，普遍群生于撂荒地、耕地、路边、村庄附近，为常见的杂草。　1987《中国植物志》第78（1）卷127页。

54. 假还阳参 | *Crepidiastrum lanceolatum*
假还阳参属

　　多年生草本。基生叶匙形，顶端钝或圆形，基部收窄，边缘全缘，稍厚，两面无毛；茎叶小，披针形，稀疏排列。头状花序稀疏伞房花状排列；总苞圆柱状、钟状；总苞片2层，外层小，内层长，均为披针形，两面无毛；全部小花舌状；花冠管外面被柔毛。瘦果扁，近圆柱状，有10条纵肋；冠毛白色，糙毛状。生于海滨沙地、山麓林缘。
1997《中国植物志》第80（1）卷161页。

55. 苣荬菜 | *Sonchus wightianus*
苦苣菜属

多年生草本。根垂直直伸。茎直立，有细条纹。基生叶多数；全部叶基部渐窄成长或短翼柄，但中部以上茎叶无柄，基部圆耳状扩大，半抱茎，顶端急尖、短渐尖或钝，两面光滑无毛。头状花序在茎枝顶端排成伞房状花序；总苞钟状；舌状小花多数，黄色。瘦果稍压扁，长椭圆形；冠毛白色，柔软，彼此纠缠。生于海拔200～2300米的荒山坡地、海滩、路旁等地。　1997《中国植物志》第80（1）卷64页。

56. 牛膝菊 | *Galinsoga parviflora*
牛膝菊属

　　一年生草本。茎纤细，具浓密刺芒和细毛。单叶，对生，卵形至卵状披针形，叶缘细锯齿状；具叶柄。头状花多数，顶生，具花梗，呈伞形状排列；总苞近球形，绿色；舌状花5，白色；筒状花黄色，多数，具冠毛。果实为瘦果，黑色。生于林下河谷地、荒野、河边、田间、溪边路旁。
1979《中国植物志》第75卷384页。

57. 乳苣 | *Lactuca tatarica*
乳苣属

多年生草本。根垂直直伸。茎直立。全部叶质地稍厚，两面光滑无毛。头状花序约含小花20，在茎枝顶端呈现狭或宽圆锥花序；总苞圆柱状或楔形；总苞片4层，卵形至披针状椭圆形；舌状小花紫色或紫蓝色，管部有白色短柔毛。瘦果长圆状披针形，稍压扁，灰黑色，每面有5~7条高起的纵肋，顶端渐尖成喙；冠毛2层，白色。生于海拔1200~4300米的河滩、湖边、草甸、田边、固定沙丘或砾石地。　1997《中国植物志》第80（1）卷75页。

58. 亚洲蓍 | *Achillea asiatica*
蓍属

多年生草本。有匍匐生根的细根茎。茎直立。叶条状矩圆形、条状披针形或条状倒披针形。头状花序；总苞矩圆形，被疏柔毛；总苞片3～4层，覆瓦状排列，卵形、矩圆形至披针形；舌状花5；舌片粉红色或淡紫红色，半椭圆形或近圆形。瘦果矩圆状楔形，光滑。生于海拔590～2600米的山坡草地、河边、草场、林缘湿地。全草入药，能清热解毒、祛风止痛。 1983《中国植物志》第76（1）卷12页。

59. 欧亚旋覆花 | *Inula britannica*
旋覆花属

　　多年生草本。根状茎短，横走或斜升。茎直立，单生或2~3个簇生，基部常有不定根，上部有伞房状分枝，稀不分枝，被长柔毛，全部有叶。基部叶在花期常枯萎，长椭圆形或披针形；中部叶长椭圆形；中脉和侧脉被较密的长柔毛。头状花序1~5，生于茎端或枝端；总苞半球形，总苞片4~5层，外层线状披针形，内层披针状线形；舌状花舌片线形，黄色；管状花花冠上部稍宽大，有三角披针形裂片；冠毛1层，白色，与管状花花冠约等长。瘦果圆柱形，有浅沟，被短毛。生于河流沿岸、湿润坡地、田埂和路旁。
1979《中国植物志》第75卷262页。

21 藜科
Chenopodiaceae

60. 地肤 | *Kochia scoparia*
地肤属

　　一年生草本。根略呈纺锤形。茎直立，圆柱状，淡绿色或带紫红色。叶为平面叶，披针形或条状披针形。花两性或雌性，构成疏穗状圆锥状花序，花下有时有锈色长柔毛；花被近球形，淡绿色；花丝丝状，花药淡黄色；柱头2，丝状，紫褐色。胞果扁球形。种子卵形，黑褐色；胚环形，胚乳块状。适应性较强，喜温、喜光、不耐寒，较耐碱性土壤。　　1979《中国植物志》第25（2）卷102页。

61. 菊叶香藜 | *Dysphania schraderiana*
藜属

　　一年生草本。有强烈气味，全体有具节的疏生短柔毛。茎直立，具绿色色条，通常有分枝。叶片矩圆形。复二歧聚伞花序腋生；花两性；雄蕊5，花丝扁平，花药近球形。胞果扁球形；果皮膜质。种子横生，周边钝，有光泽；胚半环形，围绕胚乳。生于林缘草地、沟岸、河沿、村庄住宅附近，有时也为农田杂草。　　1979《中国植物志》第25（2）卷80页。

22 蓼科
Polygonaceae

62. 萹蓄 | *Polygonum aviculare*
萹蓄属

一年生草本。茎平卧、上升或直立。叶椭圆形、狭椭圆形或披针形。花单生或数花簇生于叶腋，遍布于植株；苞片薄膜质；花梗细，顶部具关节；雄蕊8，花丝基部扩展。瘦果卵形，具3棱，无光泽。生于海拔10~4200米的田边、沟边湿地。全草供药用，有通经利尿、清热解毒功效。 1998《中国植物志》第25（1）卷7页。

23 萝藦科
Asclepiadaceae

63. 鹅绒藤 | *Cynanchum chinense*
鹅绒藤属

多年生缠绕草本。全株被短柔毛。主根圆柱状。叶对生，薄纸质，宽三角状心形。伞形聚伞花序腋生，两歧；花萼外面被柔毛；花冠白色，裂片长圆状披针形；副花冠二型，杯状；花粉块每室1，下垂；花柱头略凸起。种子长圆形；种毛白色绢质。生于沙地、河滩地、田埂、沟渠。　1977《中国植物志》第63卷314页。

24 牦牛儿苗科
Geraniaceae

64. 老鹳草 | *Geranium wilfordii*
老鹳草属

　　多年生草本。根茎直生，粗壮。茎直立，单生，具棱槽。叶基生和茎生叶对生；托叶卵状三角形或上部为狭披针形；基生叶片圆肾形。花序腋生和顶生；花瓣白色或淡红色，倒卵形；雄蕊稍短于萼片，花丝淡棕色；雌蕊被短糙状毛，花柱分枝紫红色。蒴果长约2厘米。生于山坡、草地、田埂、路边及村庄住宅附近。全草药用，可祛风通络。　1998《中国植物志》第43（1）卷32页。

25 毛茛科
Ranunculaceae

65. 华北耧斗菜 | *Aquilegia yabeana*
耧斗菜属

多年生草本。根圆柱形。茎高40～60厘米，有稀疏短柔毛和少数腺毛，上部分枝。基生叶数枚，有长柄，为一或二回三出复叶；小叶菱状倒卵形或宽菱形，三裂，边缘有圆齿，表面无毛，背面疏被短柔毛；茎中部叶有稍长柄，通常为二回三出复叶。花序有少数花，密被短腺毛；苞片三裂或不裂，狭长圆形；花下垂；萼片紫色，狭卵形；花瓣紫色；雄蕊长达1.2厘米，退化雄蕊长约5.5毫米；心皮5，子房密被短腺毛。蓇葖果深褐色。种子黑色，狭卵球形。生于山地草坡或林边。 1979《中国植物志》第27卷499页。

66. 紫花耧斗菜 | *Aquilegia viridiflora* var. *atropurpurea*
耧斗菜属

多年生草本。根肥大，圆柱形，或有少数分枝，外皮黑褐色。茎高15～50厘米，常在上部分枝，除被柔毛外还密被腺毛。基生叶少数，二回三出复叶；茎生叶数枚，为一至二回三出复叶，向上渐变小。花3～7朵，倾斜或微下垂；苞片三全裂；花梗长2～7厘米；萼片暗紫色或紫色，长椭圆状卵形，顶端微钝，疏被柔毛；花瓣与萼片同色，直立，倒卵形，比萼片稍长或稍短，顶端近截形，距直或微弯；雄蕊长达2厘米，伸出花外，花药长椭圆形，黄色；退化雄蕊白膜质，线状长椭圆形；心皮密被伸展的腺状柔毛，花柱比子房长或等长。蓇葖果褐色。种子黑色，狭倒卵形，具微凸起的纵棱。生于海拔200～2300米的山地路旁、河边和潮湿草地。 1979《中国植物志》第27卷497页。

67. 大叶铁线莲 | *Clematis heracleifolia*
铁线莲属

直立草本或半灌木。主根粗大，木质化。茎粗壮。三出复叶。聚伞花序顶生或腋生；花杂性，雄花与两性花异株；萼片4，蓝紫色，长椭圆形至宽线形；雄蕊长约1厘米，花丝线形；心皮被白色绢状毛。瘦果卵圆形。常生于山坡沟谷、林边及路旁的灌丛中。全草及根供药用，有祛风除湿、解毒消肿的作用；种子可榨油。1980《中国植物志》第28卷93页。

68. 女萎 | *Clematis apiifolia*
铁线莲属

　　多年生草质藤本。小枝、花序梗和花梗密生贴伏短柔毛。三出复叶；小叶卵形或宽卵形。圆锥状聚伞花序多花；萼片4，白色，狭倒卵形；雄蕊无毛。瘦果纺锤形或狭卵形，顶端渐尖，不扁，有柔毛；宿存花柱长约1.5厘米。生于山野林边。　1980《中国植物志》第28卷193页。

69. 芹叶铁线莲 | *Clematis aethusifolia*
铁线莲属

多年生草质藤本。根细长。茎纤细。二至三回羽状复叶或羽状细裂。聚伞花序腋生；花钟状下垂，淡黄色，长方椭圆形或狭卵形；雄蕊长为萼片长之半，花丝扁平，线形或披针形；子房扁平，卵形。瘦果扁平，宽卵形或圆形。生于山坡及水沟边。 1980《中国植物志》第28卷115页。

26 千屈菜科
Lythraceae

70. 欧菱 | *Trapa natans*
菱属

　　一年生浮水草本。根二型：着泥根细铁丝状，生水底泥中；同化根羽状细裂，裂片丝状。茎柔弱分枝。叶二型：浮水叶互生，聚生于主茎或分枝茎的顶端，形成莲座状菱盘；沉水叶小，早落。花小，单生于叶腋，两性；花瓣4，白色；雄蕊4，花丝纤细。果三角状菱形。生于河流、湖泊、沼泽、池塘中。　2000《中国植物志》第53（2）卷19页。

71. 千屈菜 | *Lythrum salicaria*
千屈菜属

多年生草本。根茎横卧于地下，粗壮。茎直立，多分枝。叶对生或三叶轮生，披针形或阔披针形。花组成小聚伞花序，簇生；苞片阔披针形至三角状卵形；附属体针状，直立；花瓣6，红紫色或淡紫色，倒披针状长椭圆形；雄蕊12；子房2室。蒴果扁圆形。生于河岸、湖畔、溪沟边和潮湿草地。 1983《中国植物志》第52（2）卷79页。

72. 紫薇 | *Lagerstroemia indica*
紫薇属

落叶灌木或小乔木。树皮平滑。枝干多扭曲。叶互生或有时对生，纸质，椭圆形、阔矩圆形或倒卵形。花淡红色或紫色、白色；顶生圆锥花序；花瓣6，皱缩；子房3～6室，无毛。蒴果椭圆状球形或阔椭圆形。种子有翅。喜暖湿气候，喜光，略耐阴，喜肥，尤喜深厚肥沃的沙质壤土，好生于略有湿气之地。　1983《中国植物志》第52（2）卷94页。

27 荨麻科
Urticaceae

73. 蝎子草 | *Girardinia diversifolia* subsp. *suborbiculata*
蝎子草属

　　一年生草本。茎高30～100厘米，麦秆色或紫红色，疏生刺毛和细糙伏毛，几不分枝。叶膜质，宽卵形或近圆形。雌雄同株，雌花序单个或雌雄花序成对生于叶腋；雄花序穗状，长1～2厘米；雌花序短穗状；团伞花序枝密生刺毛，连同主轴生近贴生的短硬毛；雄花具梗；雌花近无梗。瘦果宽卵形。生于海拔50～800米林下沟边或住宅旁阴湿处。　　1995《中国植物志》第23（2）卷54页。

28 茜草科
Rubiaceae

74. 茜草 | *Rubia cordifolia*
茜草属

　　草质攀缘藤本。根状茎和其节上的须根均红色。茎数至多个。叶通常4枚轮生，纸质，披针形或长圆状披针形。聚伞花序腋生和顶生，多回分枝；花冠淡黄色，花冠裂片近卵形，微伸展。果球形，成熟时橘黄色。常生于疏林、林缘、灌丛或草地上。　　1999《中国植物志》第71（2）卷315页。

29 蔷薇科
Rosaceae

75. 重瓣棣棠花 | *Kerria japonica f. pleniflora*
棣棠花属

　　落叶灌木。小枝绿色，圆柱形。叶互生，三角状卵形或卵圆形。单花，金黄色，顶生于侧枝上，重瓣；萼片卵状椭圆形。瘦果倒卵形至半球形。喜温暖湿润和半阴环境，耐寒性较差，不择土，从微酸性到弱碱性都能适应。
1985《中国植物志》第37卷3页。

76. 龙芽草 | *Agrimonia pilosa*
龙牙草属

多年生草本。根多呈块茎状，周围长出若干侧根，根茎短。叶为间断奇数羽状复叶。花序穗状总状顶生；苞片通常深三裂，小苞片对生，卵形，全缘或边缘分裂；花直径6～9毫米；萼片5，三角卵形；花瓣黄色，长圆形；雄蕊5～8（～15）。果实倒卵圆锥形。常生于海拔100～3800米的溪边、路旁、草地、灌丛、林缘及疏林下。
1985《中国植物志》第37卷457页。

77. 莓叶委陵菜 | *Potentilla fragarioides*
委陵菜属

多年生草本。根极多，簇生。花茎多数，丛生，上升或铺散。基生叶：羽状复叶，有小叶2～3对；叶柄被开展疏柔毛；小叶有短柄或几无柄；小叶片倒卵形、椭圆形或长椭圆形，顶端圆钝或急尖。茎生叶：常有3小叶，小叶与基生叶小叶相似或长圆形，顶端有锯齿而下半部全缘；叶柄短或几无柄。伞房状聚伞花序顶生，多花，松散；花梗纤细，外被疏柔毛；花直径1～1.7厘米；萼片三角卵形；花瓣黄色，倒卵形，顶端圆钝或微凹；花柱近顶生。成熟瘦果近肾形。生于海拔350～2400米的地边、沟边、草地、灌丛及疏林下。
《中国植物志》第37卷327页。

78. 牛叠肚 | *Rubus crataegifolius*
悬钩子属

直立灌木。枝具沟棱。单叶，卵形至长卵形。花簇生或呈短总状花序，常顶生；花梗长5~10毫米，有柔毛；花直径1~1.5厘米；花萼外面有柔毛，至果期近于无毛；萼片卵状三角形或卵形；花瓣椭圆形或长圆形，白色；雄蕊直立，花丝宽扁；雌蕊多数，子房无毛。果实近球形。生于向阳山坡灌木丛中或林缘，常在山沟、路边成群生长。 1985《中国植物志》第37卷117页。

30 秋海棠科
Begoniaceae

79. 中华秋海棠 | *Begonia grandis* var. *sinensis*
秋海棠属

多年生中型草本。茎高20～40（～70）厘米，几无分枝，外形似金字塔形。叶较小，椭圆状卵形至三角状卵形。花序较短，呈伞房状至圆锥状二歧聚伞花序；花小；雄蕊多数，整体呈球状。蒴果具3枚不等大之翅。生于海拔300～2900米的山谷阴湿岩石上、滴水的石灰岩边、疏林阴处、荒坡阴湿处以及山坡林下。　1999《中国植物志》第52（1）卷165页。

31 忍冬科
Caprifoliaceae

80. 少蕊败酱 | *Patrinia monandra*
败酱属

　　二年生或多年生草本。茎被灰白色脱落粗毛。叶对生，长圆形。聚伞圆锥花序顶生及腋生；花萼5，齿状；花冠漏斗形，淡黄色，或花序中兼有白色花；雄蕊1~3（~4），1枚最长，伸出花冠外。瘦果卵圆形、倒卵状长圆形；果苞薄膜质，近圆形或宽卵形。生于海拔500~2400米的山坡草丛、灌丛中、林下及林缘、田野溪旁、路边。1986《中国植物志》第73（1）卷21页。

81. 锦带花 | *Weigela florida*
锦带花属

落叶灌木。树皮灰色。芽顶端尖，具3～4对鳞片，光滑。叶矩圆形、椭圆形至倒卵状椭圆形。花单生或呈聚伞花序生于侧生短枝的叶腋或枝顶；萼筒长圆柱形，疏被柔毛；花冠紫红色或玫瑰红色；花丝短于花冠，花药黄色；子房上部腺体黄绿色。果实顶有短柄状喙。种子无翅。生于海拔800～1200米湿润沟谷、阴或半阴处。 1988《中国植物志》第72卷132页。

32 桑科
Moraceae

82. 葎草 | *Humulus scandens*
葎草属

多年生攀缘草本。茎、枝、叶柄均具倒钩刺。叶纸质，肾状五角形。雄花小，黄绿色；圆锥花序。雌花序球果状；苞片纸质，三角形，顶端渐尖，具白色绒毛；子房为苞片包围，柱头2，伸出苞片外。瘦果成熟时露出苞片外。常生于沟边、荒地、废墟、林缘边。 1998《中国植物志》第23（1）卷220页。

33 十字花科
Brassicaceae

83. 独行菜 | *Lepidium apetalum*
独行菜属

　　一年生或二年生草本。茎直立。基生叶窄匙形，一回羽状浅裂或深裂；茎上部叶线形，有疏齿或全缘。总状花序在果期可延长至5厘米；萼片早落，卵形；花瓣极小，匙形，白色；花梗丝状；雄蕊2或4。短角果近圆形或宽椭圆形，扁平；果梗弧形。种子椭圆形。生于海拔400～2000米的山坡、山沟、路旁及村庄附近，为常见的田间杂草。全草及种子供药用，有利尿、止咳、化痰功效。　　1987《中国植物志》第33卷57页。

34 莎草科
Cyperaceae

84. 三棱水葱 | *Schoenoplectus triqueter*
藨草属

　　多年生草本。匍匐根状茎长，干时呈红棕色。秆散生，粗壮，三棱形，基部具2～3鞘，鞘膜质。叶片扁平；苞片1，为秆的延长，三棱形。简单长侧枝聚伞花序假侧生，有1～8辐射枝；辐射枝三棱形，棱上粗糙，每个辐射枝顶端有1～8簇生的小穗；小穗卵形或长圆形，密生许多花；鳞片长圆形、椭圆形或宽卵形，顶端微凹或圆形，膜质，黄棕色，背面具1条中肋，稍延伸出顶端呈短尖，边缘疏生缘毛；下位刚毛3～5条，全都生有倒刺；雄蕊3，花药线形，药隔暗褐色，稍凸出；花柱短，柱头2，细长。小坚果倒卵形，平凸状，成熟时褐色，具光泽。生于海拔2000米以下的水沟、水塘、山溪边或沼泽地。　　1961《中国植物志》第11卷18页。

85. 具芒碎米莎草 | *Cyperus microiria*
莎草属

　　一年生草本。具须根。秆丛生，稍细，锐三棱形，平滑，基部具叶。叶短于秆，平张；叶鞘红棕色，表面稍带白色；叶状苞片3～4，长于花序。长侧枝聚伞花序复出或多次复出，稍密或疏展，具5～7辐射枝；穗状花序卵形或宽卵形或近于三角形，具多数小穗；小穗排列稍稀，斜展，线形或线状披针形，具8～24花；小穗轴直，具白色透明的狭边；鳞片排列疏松，膜质，宽倒卵形，顶端圆；雄蕊3，花药长圆形；花柱极短，柱头3。小坚果倒卵形、三棱形，几与鳞片等长，深褐色，具密的微凸起细点。生于河岸边、路旁或草原湿处。　1961《中国植物志》第11卷144页。

86. 头状穗莎草 | *Cyperus glomeratus*
莎草属

　　一年生草本。具须根。秆散生，粗壮，钝三棱形，平滑，基部稍膨大，具少数叶。叶短于秆；叶鞘长，红棕色；叶状苞片3~4，较花序长，边缘粗糙。复出长侧枝聚伞花序具3~8辐射枝，辐射枝长短不等；穗状花序无总花梗，近于圆形、椭圆形或长圆形；具极多数小穗，小穗多列，排列紧密，线状披针形或线形，稍扁平，具8~16花；小穗轴具白色透明的翅；鳞片排列疏松，膜质，近长圆形，顶端钝，棕红色；雄蕊3，花药短，长圆形，暗血红色，药隔凸出于花药顶端；花柱长，柱头3，较短。小坚果长圆形、三棱形。多生于水边沙土上或路旁阴湿的草丛中。　1961《中国植物志》第11卷140页。

87. 香附子 | *Cyperus rotundus*
莎草属

　　多年生草本。匍匐根状茎长，具椭圆形块茎。秆稍细弱，锐三棱形，平滑，基部呈块茎状。叶较多，短于秆，平张；鞘棕色，常裂呈纤维状；叶状苞片2～3，长于花序或有时短于花序。长侧枝聚伞花序简单或复出；穗状花序轮廓为陀螺形，稍疏松，具3～10小穗；小穗斜展开，线形；雄蕊3，花药长，线形，暗血红色，药隔凸出于花药顶端；花柱长，柱头3，细长，伸出鳞片外。小坚果长圆状倒卵形、三棱形。生于山坡、荒地、草丛中或水边潮湿处。块茎可供药用，名为"香附子"，除能作健胃药外，还可以治疗妇科各症。

1961《中国植物志》第11卷134页。

35 薯蓣科
Dioscoreaceae

88. 黄独 | *Dioscorea bulbifera*
薯蓣属

攀缘草质藤本。块茎卵圆形或梨形。茎左旋，浅绿色稍带红紫色；叶腋内有紫棕色、球形或卵圆形珠芽。单叶互生，叶片宽卵状心形或卵状心形。雄花序穗状，下垂；雄花单生，密集；花被片披针形，新鲜时紫色；雄蕊6；雌花序与雄花序相似。蒴果反折下垂，三棱状长圆形。种子深褐色，扁卵形。多生于河谷边、山谷阴沟或杂木林边缘，有时房前屋后或路旁的树荫下也能生长。1985《中国植物志》第16（1）卷88页。

36 水鳖科
Hydrocharitaceae

89. 黑藻 | *Hydrilla verticillata*
黑藻属

　　多年生沉水草本。茎圆柱形，表面具纵向细棱纹，质较脆。休眠芽长卵圆形。苞叶多数，螺旋状紧密排列，白色或淡黄绿色，狭披针形至披针形；3~8叶轮生，线形或长条形，常具紫红色或黑色小斑点，先端锐尖，边缘锯齿明显，具腋生小鳞片；无柄；主脉1条，明显。花单性，雌雄同株或异株；雄佛焰苞近球形，绿色，表面具明显的纵棱纹，顶端具刺突；雄花萼片3，白色，稍反卷；花瓣3，反折开展，白色或粉红色；雄蕊3，花丝纤细，花药线形，2~4室，花粉粒球形，直径可达100微米以上，表面具凸起的纹饰；雄花成熟后自佛焰苞内放出，漂浮于水面开花；雌佛焰苞管状，绿色；苞内1雌花。果实圆柱形，表面常有2~9刺状凸起。生于淡水中。1992《中国植物志》第8卷183页。

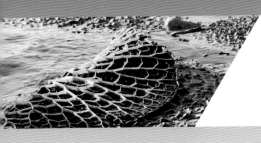

37 睡莲科
Nymphaeaceae

90. 芡实 | *Euryale ferox*
芡属

　　一年生大型水生草本。沉水叶箭形或椭圆状肾形，长4～10厘米，两面无刺；叶柄无刺。浮水叶革质，椭圆状肾形至圆形，直径10～130厘米，全缘，下面带紫色，有短柔毛，两面在叶脉分枝处有锐刺；叶柄及花梗粗壮，长可达25厘米，皆有硬刺。花长约5厘米；萼片披针形，长1～1.5厘米，内面紫色，外面密生稍弯硬刺；花瓣矩圆披针形或披针形，长1.5～2厘米，紫红色，呈数轮排列，向内渐变成雄蕊；无花柱，柱头红色，呈凹入的柱头盘。浆果球形，直径3～5厘米，污紫红色，外面密生硬刺。种子球形，直径10余毫米，黑色。生于池塘、湖沼中。种子含淀粉，供食用、酿酒及制副食品用，也可供药用，可补脾益肾、涩精。　　1979《中国植物志》第27卷6页。

38 天南星科
Araceae

91. 虎掌 | *Pinellia pedatisecta*
半夏属

多年生草本。块茎近圆球形，肉质。叶1~3或更多，叶片鸟足状分裂；叶柄淡绿色。佛焰苞淡绿色，管部长圆形，檐部长披针形；肉穗花序；雌花序长1.5~3厘米；雄花序长5~7毫米；附属器黄绿色，细线形。浆果卵圆形，绿色至黄白色，小，藏于宿存的佛焰苞管部内。生于海拔1000米以下的林下、山谷或河谷阴湿处。 1979《中国植物志》第13（2）卷204页。

39 铁线蕨科
Adiantaceae

92. 团羽铁线蕨 | *Adiantum capillus-junonis*
铁线蕨属

　　一年生或多年生草本。植株高8～15厘米。根状茎短而直立，被褐色披针形鳞片。叶簇生；叶片披针形；羽片4～8对，下部的对生，上部的近对生，斜向上，具明显的柄；叶脉多回二歧分叉，直达叶边，两面均明显；叶轴先端常延伸呈鞭状，能着地生根，行无性繁殖。群生于海拔300～2500米的湿润石灰岩脚、阴湿墙壁基部石缝中或荫蔽湿润的白垩土上。　　1990《中国植物志》第3（1）卷189页。

40 透骨草科
Phrymaceae

93. 北美透骨草 | *Phryma leptostachya*
透骨草属

　　多年生草本。茎直立。叶对生，叶片卵状长圆形、卵状披针形、卵状椭圆形至卵状三角形或宽卵形。穗状花序生茎顶及侧枝顶端。花通常多数，疏离，出自苞腋；花萼筒状；花冠漏斗状筒形，蓝紫色、淡红色至白色；花冠上唇先端近全缘或微凹；雄蕊4；雌蕊无毛。瘦果狭椭圆形。种子1，基生。生于海拔380～2800米的阴湿山谷或林下。全草入药，有活血化瘀、利尿解毒、通经透骨之功效。　2002《中国植物志》第70卷315页。

41 苋科
Amaranthaceae

94. 皱果苋 | *Amaranthus viridis*
苋属

一年生草本。茎直立。叶片卵形、卵状矩圆形或卵状椭圆形。圆锥花序顶生；总花梗长2～2.5厘米；苞片及小苞片披针形；花被片矩圆形或宽倒披针形；雄蕊比花被片短；柱头3或2。胞果扁球形。种子近球形。生于村庄住宅附近的杂草地上或田野间。　1979《中国植物志》第25（2）卷216页。

42 香蒲科
Typhaceae

95. 小香蒲 | *Typha minima*
香蒲属

多年生沼生或水生草本。根状茎姜黄色或黄褐色，先端乳白色。地上茎直立，细弱，矮小。叶通常基生，鞘状，无叶片，如叶片存在，短于花莛；叶鞘边缘膜质，叶耳向上伸展。雌雄花序远离；雄花无被，雄蕊通常1枚单生，有时2～3枚合生；雌花具小苞片；孕性雌花柱头条形，纺锤形，子房柄长约4毫米，纤细；不孕雌花子房长1～1.3毫米，倒圆锥形；白色丝状毛先端膨大呈圆形。小坚果椭圆形，纵裂；果皮膜质。生于池塘、水泡子、水沟边浅水处，亦常见于一些水体干枯后的湿地及低洼处。 1992《中国植物志》第8卷9页。

43 小二仙草科
Haloragidaceae

96. 穗状狐尾藻 | *Myriophyllum spicatum*
狐尾藻属

　　多年生沉水草本。根状茎发达，在水底泥中蔓延，节部生根。茎圆柱形，分枝极多。叶常5枚轮生（或4～6枚轮生或3～4枚轮生），丝状全细裂，叶的裂片约13对，细线形；叶柄极短或不存在。花两性、单性或杂性，雌雄同株，单生于苞片状叶腋内，常4花轮生，由多数花排成顶生或腋生的穗状花序，生于水面上；如为单性花，则上部为雄花，下部为雌花，中部有时为两性花，基部有1对苞片，其中1枚稍大、广椭圆形，全缘或呈羽状齿裂。雄花：萼筒广钟状，顶端四深裂、平滑；花瓣4，阔匙形，凹陷，长2.5毫米，顶端圆形、粉红色；雄蕊8，花药长椭圆形，长2毫米，淡黄色；无花梗。雌花：萼筒管状，四深裂；花瓣缺或不明显；子房下位，4室，花柱4，很短，偏于一侧，柱头羽毛状，向外反转，具4胚珠；大苞片矩圆形，全缘或有细锯齿，较花瓣为短，小苞片近圆形，边缘有锯齿。分果广卵形或卵状椭圆形，具4纵深沟，沟缘表面光滑。生于我国南北各地池塘、河沟、沼泽中，特别是在含钙的水域中更较常见。全草入药，可清凉、解毒、止痢，治慢性下痢；夏季生长旺盛，一年四季可采，可作养猪、养鱼、养鸭的饲料。　　2000《中国植物志》第53(2)卷136页。

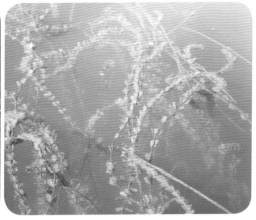

44 旋花科
Convolvulaceae

97. 菟丝子 | *Cuscuta chinensis*
菟丝子属

　　一年生寄生草本。茎缠绕，黄色，纤细。无叶。花序侧生，少花或多花簇生成小伞形或小团伞花序；苞片及小苞片小，鳞片状；花萼杯状，中部以下连合，裂片三角状；花冠白色，壶形；雄蕊着生花冠裂片弯缺微下处；鳞片长圆形，边缘长流苏状。蒴果球形。种子2～49，淡褐色，卵形。生于海拔200～3000米的田边、山坡阳处、路边灌丛或海边沙丘，通常寄生于豆科、菊科、藜科等多种植物上。　1979《中国植物志》第64（1）卷145页。

45 鸭跖草科
Commelinaceae

98. 鸭跖草 | *Commelina communis*
鸭跖草属

　　一年生披散草本。茎匍匐生根，多分枝。叶披针形至卵状披针形；总苞片佛焰苞状，与叶对生。聚伞花序；萼片膜质；花瓣深蓝色，内面2枚具爪，长近1厘米。蒴果椭圆形。种子4。常生于湿地。地上部分为消肿利尿、清热解毒之良药，对麦粒肿、咽炎、扁桃腺炎、宫颈糜烂、腹蛇咬伤有良好疗效。　1997《中国植物志》第13（3）卷127页。

46 眼子菜科
Potamogetonaceae

99. 竹叶眼子菜 | *Potamogeton wrightii*
眼子菜属

　　多年生沉水草本。根茎发达，白色，节处生有须根。茎圆柱形，直径约2毫米，不分枝或具少数分枝。叶条形或条状披针形，具长柄；叶片长5～19厘米，宽1～2.5厘米，先端钝圆而具小凸尖，基部钝圆或楔形，边缘浅波状，有细微的锯齿；中脉显著；托叶大而明显，近膜质，无色或淡绿色，与叶片离生，鞘状抱茎。穗状花序顶生，具花多轮，密集或稍密集；花序梗膨大，稍粗于茎；花小，被片4，绿色；雌蕊4，离生。果实倒卵形，长约3毫米，两侧稍扁，背部明显3脊；中脊狭翅状，侧脊锐。生于灌渠、池塘、河流等静、流水体，水体多呈微酸性。　1992《中国植物志》第8卷60页。

100. 菹草 | *Potamogeton crispus*
眼子菜属

　　多年生沉水草本。具近圆柱形的根茎。茎稍扁，多分枝，近基部常匍匐地面，于节处生出疏或稍密的须根。叶条形，无柄，长3～8厘米，宽3～10毫米，先端钝圆，基部约1毫米与托叶合生，但不形成叶鞘，叶缘多少呈浅波状，具疏或稍密的细锯齿；叶脉3～5条，平行；托叶薄膜质，长5～10毫米，早落。穗状花序顶生；花序梗棒状；花小，被片4，淡绿色；雌蕊4，基部合生。果实卵形，长约3.5毫米；果喙长可达2毫米，向后稍弯曲；背脊约1/2以下具齿牙。生于池塘、水沟、水稻田、灌渠及缓流河水中，水体多呈微酸至中性。为草食性鱼类的良好天然饵料，我国一些地区选其为围水田养鱼的草种。

1992《中国植物志》第8卷52页。

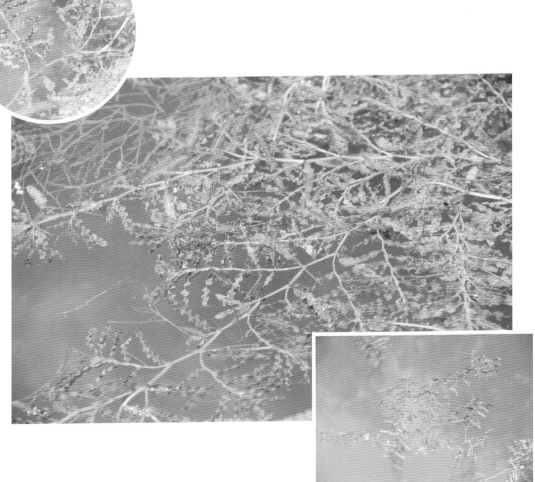

47 罂粟科
Papaveraceae

101. 白屈菜 | *Chelidonium majus*
白屈菜属

多年生草本。主根粗壮，圆锥形，侧根多。茎聚伞状多分枝。基生叶少，早凋落，叶片倒卵状长圆形或宽倒卵形；茎生叶叶片长2～8厘米，宽1～5厘米。伞形花序多花；花梗纤细；苞片小，卵形；花芽卵圆形；萼片卵圆形，舟状；花瓣倒卵形，黄色；雄蕊长约8毫米。蒴果狭圆柱形。种子卵形。生于海拔500～2200米的山坡、山谷林缘草地或路旁、石缝。全草入药，有镇痛、止咳、利尿、解毒等功效。　1999《中国植物志》第32卷74页。

102. 珠果黄堇 | *Corydalis speciosa*
紫堇属

多年生草本。灰绿色，高40～60厘米。具主根。三年以上的茎多分枝。叶片狭长圆形，二回羽状全裂。总状花序生茎和腋生枝的顶端，密具多花；苞片披针形至菱状披针形，具细长的顶端；花金黄色，近平展或稍俯垂；萼片小，近圆形，中央着生，具疏齿；外花瓣较宽展，通常渐尖，近具短尖，有时顶端近于微凹，无鸡冠状凸起；雄蕊束披针形，较狭；柱头呈二臂状横向伸出，各枝顶端具3乳突。蒴果线形，长约3厘米，俯垂，念珠状，具1列种子。种子黑亮，压扁，边缘具密集的小点状印痕；种阜杯状，紧贴种子。生于林缘、路边或水边多石地。　1999《中国植物志》第32卷437页。

48 泽泻科
Alismataceae

103. 华夏慈姑 | *Sagittaria trifolia* subsp. *leucopetala*
慈姑属

　　多年生草本。植株高大，粗壮。叶片宽大，肥厚，顶裂片先端钝圆，卵形至宽卵形。匍匐茎末端膨大呈球茎，球茎卵圆形或球形。圆锥花序高大，着生于下部，具1~2轮雌花；主轴雌花3~4轮，位于侧枝之上；雄花多轮，生于上部，组成大型圆锥花序；果期花托扁球形。种子褐色，具小凸起。生于湖泊、池塘、沼泽、沟渠、水田等水域，性喜阴湿及充足阳光，适于黏壤上生长。球茎可作蔬菜食用等。　　1992《中国植物志》第8卷133页。

49 紫草科
Boraginaceae

104. 附地菜 | *Trigonotis peduncularis*
附地菜属

一年生或二年生草本。茎通常多条丛生。基生叶呈莲座状，有叶柄，叶片匙形；茎上部叶长圆形或椭圆形，无叶柄或具短柄。花序生茎顶，幼时卷曲，后渐次伸长；花萼裂片卵形；花冠淡蓝色或粉色；花药卵形。小坚果4，斜三棱锥状四面体形。生于海拔230~4500米的丘陵草地、平原、田间、林缘或荒地。 1989《中国植物志》第64（2）卷104页。

105. 勿忘草 | *Myosotis alpestris*
勿忘草属

多年生草本。茎直立，单一或数条簇生。基生叶和茎下部叶有柄，狭倒披针形、长圆状披针形或线状披针形；茎中部以上叶无柄，较短而狭。花序在花期短，花后伸长；花梗较粗，在果期直立；花萼长1.5～2.5毫米，果期增大；花冠蓝色；花瓣裂片5，近圆形；花药椭圆形。小坚果卵形。生于山地林缘或林下、山坡或山谷草地等处。

1989《中国植物志》第64（2）卷75页。

中文名称索引

拉丁学名索引